Docteur RÉMY ROUX

DE LA

TAILLE HYPOGASTRIQUE

ET DE LA LITHOTRITIE

CHEZ LES PETITS GARÇONS

MONTPELLIER
IMPRIMERIE CENTRALE DU MIDI
(HAMELIN FRÈRES)
—
1893

DE LA

TAILLE HYPOGASTRIQUE

ET DE LA LITHOTRITIE

CHEZ LES PETITS GARÇONS

PAR

Le Docteur RÉMY ROUX

MONTPELLIER

IMPRIMERIE CENTRALE DU MIDI

(HAMELIN FRÈRES)

—

1893

PERSONNEL DE LA FACULTÉ

MM. MAIRET.................. Doyen
     CARRIEU............... Assesseur

PROFESSEURS

Médecine légale et toxicologie .... MM.	JAUMES.
Clinique chirurgicale..........................	DUBRUEIL (✳).
Hygiène..............:........................	BERTIN-SANS.
Clinique médicale............................	GRASSET.
Clinique chirurgicale..........................	TEDENAT.
Clinique obstétricale et gynécologie	GRYNFELTT.
Anatomie pathologique et histologie.............	KIENER (✳).
Thérapeutique et matière médicale..............	HAMELIN (✳).
Anatomie	PAULET (O.✳ ✳).
Clinique médicale............................	CARRIEU.
Clinique des maladies mentales et nerveuses.......	MAIRET.
Physique médicale.............................	IMBERT.
Botanique et histoire naturelle médicale	GRANEL.
Opérations et appareils........................	FORGUE.
Clinique ophtalmologique......................	TRUC.
Chimie médicale et pharmacie..................	VILLE.
Physiologie...................................	N....
Id. Hédon (Ch. du c.)	
Pathologie interne............................	N....
Id. Rauzier (Ch. du c.)	

CHARGÉS DE COURS COMPLÉMENTAIRES

Clinique annexe des maladies des enfants. MM.	BAUMEL, agrégé.
Accouchements	GERBAUD, agrégé.
Clinique ann. des mal. syphil. et cutanées......	BROUSSE, agrégé.
Clinique annexe des maladies des vieillards.	SARDA, agrégé.
Pathologie externe.....................	ESTOR, agrégé.
Histologie.............................	DUCAMP, agrégé.

AGRÉGÉS EN EXERCICE :

MM. SERRE	MM. SARDA	MM. RAUZIER
BAUMEL	ESTOR	LAPEYRE
GERBAUD	HEDON	MOITESSIER
GILIS	LECERCLE	
BROUSSE	DUCAMP	

MM. H. GOT, *secrétaire.*
F.-J. BLAISE, *secrétaire honoraire.*

EXAMINATEURS DE LA THÈSE :

MM. FORGUE, *président.*	MM. GILIS, agrégé.
DUBREUIL, *professeur.*	LAPEYRE, agrégé.

A MON PÈRE ET A MA MÈRE

A MA SŒUR

A TOUS MES PARENTS

A MES AMIS

R. ROUX.

INTRODUCTION

———

Pendant ces dernières années, toute une révolution s'est faite dans le traitement des calculs vésicaux chez l'enfant. La taille périnéale, qui a si longtemps régné en souveraine, a vu petit à petit son prestige diminuer. Après avoir été délaissée chez les vieux calculeux, elle tend à l'être chez les jeunes, et bientôt, croyons-nous, elle n'offrira plus qu'un intérêt historique.

Ses rivales, au contraire, la lithotritie et surtout la taille hypogastrique, ont été si bien modifiées et perfectionnées, qu'elles répondent aujourd'hui à tous les besoins et peuvent désormais remplir toutes les indications.

Nous avons pensé qu'il pouvait être intéressant d'exposer l'état actuel de la question, et nous avons fait, de l'étude de ces deux opérations chez l'enfant, le sujet de notre thèse inaugurale.

Nous y joignons quelques observations de taille hypogastrique chez de jeunes sujets, recueillies dans les services de MM. les professeurs Forgue et Tédenat.

Nous diviserons notre travail de la manière suivante : nous consacrerons un premier chapitre aux caractères généraux des calculs et à leur diagnostic chez l'enfant. Dans le chapitre II, nous comparerons entre eux les différents modes d'intervention. Dans le chapitre III, nous traiterons de la Lithotritie ; la Taille hypogastrique fera l'objet du chapitre IV.

Nous terminerons par la publication de quatre cas de taille sus-pubienne chez de jeunes sujets, cas dans lesquels cette opération a donné un succès complet, avec guérison rapide.

Avant d'entrer dans notre étude, qu'il nous soit permis d'adresser l'expression de notre profonde gratitude à tous nos Maîtres, et en particulier à M. le professeur Forgue, qui a bien voulu nous donner l'idée de ce travail et nous aider de ses conseils éclairés, qui, enfin, nous a fait l'honneur d'accepter la présidence de notre thèse.

Nous n'oublierons jamais son enseignement clair, méthodique, si magistral et si pratique à la fois. Aussi sommes-nous heureux de pouvoir, en cette circonstance, rendre un public hommage au maître à qui nous devons la plus grande part de notre éducation chirurgicale.

Nous remercions bien sincèrement M. le professeur Tédenat, qui nous a permis de publier des observations prises dans son service et qui nous a donné des indications excellentes sur la question que nous avions à traiter.

Par le bienveillant accueil que nous avons toujours trouvé chez lui et par les encouragements qu'il n'a cessé de nous donner, M. le professeur Carrieu a acquis des titres tout particuliers à notre reconnaissance : nous sommes heureux de pouvoir la lui témoigner.

DE LA

TAILLE HYPOGASTRIQUE

ET DE LA LITHOTRITIE

CHEZ LES PETITS GARÇONS

CHAPITRE PREMIER

Généralités sur les calculs de la vessie

Les calculs vésicaux, rares dans le sexe féminin, sont au contraire très communs chez l'homme, surtout aux deux âges extrêmes de la vie, l'enfance et la vieillesse.

Cette fréquence chez les jeunes sujets résulte sans doute de la gravelle normale des reins du nouveau-né ; souvent un fragment d'acide urique descendu des reins dans la vessie devient le noyau de la pierre.

« Les calculs, nous dit Bouchut (1), sont fréquents dans le premier âge de la vie. On les rencontre même à la naissance. A cette époque, comme je l'ai souvent constaté, on trouve les bassinets quelquefois remplis de petits calculs composés d'a-cide urique. On observe souvent, ainsi que cela a été signalé

---

(1) Bouchut, *Traité pratique des maladies des nouveau-nés.*

par le professeur Schlossberg et confirmé par le professeur Martin (d'Iéna), les tubes urinifères gorgés de matière saline ayant l'aspect de hachures, d'un jaune de chrome, occupant la place des tubes des pyramides. Je le répète, j'ai maintes fois constaté cela chez des enfants au moment de la naissance. »

Le docteur Proust rapporte que, sur un total de 1,256 calculeux opérés dans les hôpitaux de Bristol, Leed et Norwich, 300 avaient moins de dix ans. Sur 478 individus traités à l'hôpital de Norfolk et Woolwich pendant une période de quarante-quatre années, il y en avait 227 jusqu'à l'âge de quatorze ans.

Étiologie. — A quelles causes faut-il rattacher la lithiase vésicale ? On ne saurait nier l'influence du milieu, des habitudes, de la situation sociale de l'individu ; mais cette influence s'exerce de façon différente. Chez le vieillard, la pierre résulte généralement d'un défaut d'exercices physiques, d'une alimentation trop riche en principes azotés, de l'abus du gibier et des viandes fumées, de l'ingestion de substances riches en acide oxalique. Chez l'enfant, au contraire, nous trouvons en première ligne le ralentissement de la nutrition, une alimentation insuffisante et mauvaise, le manque de soins hygiéniques. Aussi devrons-nous chercher nos jeunes calculeux dans la classe pauvre, dans les milieux ouvriers, tandis que c'est au sommet de l'échelle sociale que nous trouverons les vieillards atteints de la même affection.

L'affection calculeuse semble être plus particulièrement répandue dans certains pays, et cela est particulièrement vrai pour l'enfant. C'est ainsi que Tholozan (*Bull. Soc. chirurgie*) a pu, pendant un long séjour fait en Perse, publier un résumé de 156 opérations pratiquées pendant huit années (de 1852 à 1860) et dont 118 sur des sujets au-dessous de quinze ans. Le nord de l'Angleterre, et plus particulièrement

encore le comté de Norfolk, offre un vaste champ d'observation. Cette affection est rare dans certains États de l'Amé-
rique, le New-Jersey et la Nouvelle-Angleterre ; elle est
également très rare dans la race nègre.

Néanmoins l'influence du climat, après avoir été pendant
longtemps admise sans conteste, est aujourd'hui très discutée. Comment expliquer, en effet, la fréquence de la lithiase
à Moscou, tandis qu'elle est extrêmement rare à Saint-Pé-
tersbourg? En Égypte, Clot-Bey a pratiqué 900 tailles, toutes
sur des habitants du Delta, tandis que leurs voisins, les Éthio-
piens et les Abyssins, jouissaient d'une immunité absolue.
Mais il s'agissait, dans ce cas, ainsi que l'a démontré Sanca-
rol (d'Alexandrie), de parasites, et en particulier de la *filaria
Bilarz,* contenus dans l'eau de certaines contrées d'Égypte.
Ces parasites formaient le centre des calculs.

Pathogénie. — Les calculs doivent être divisés en calculs
primitifs sans lésion apparente des voies urinaires et en calculs secondaires liés à un état infectieux de la vessie. Les maladies par ralentissement de la nutrition, et au premier chef la
diathèse goutteuse, amènent dans le sang de l'acide urique
et des urates en excès. Il en est probablement de même de la
gravelle de cystine et de certaines formes de gravelle oxalique ; quant à la gravelle phosphatique, elle peut aussi être
attribuée exceptionnellement à la même dystrophie. Cependant la formation des calculs phosphatiques paraît devoir être
plutôt considérée comme secondaire à une infection vésicale.

Les calculs primitifs sont habituellement composés d'acide
urique et de ses congénères, la cystine et l'acide oxalique.

Les calculs secondaires sont formés de phosphates ou de
carbonates de chaux, de magnésie, d'ammoniaque. La précipitation des sels résulte de toutes les causes qui amènent de

la stagnation urinaire. Lorsqu'il y a de la cystite, l'urine fermente, d'où précipitation de phosphates ammoniaco-magnésiens et formation d'un calcul secondaire. S'il existe une concrétion descendue du rein, cette précipitation de phosphates se produira plus facilement encore, et nous pourrons alors avoir, au centre d'un calcul secondaire, un noyau formé par un calcul urique primitif. Nous voyons de même les corps étrangers accidentellement introduits dans la vessie déterminer à leur niveau une fermentation localisée et s'incruster de sels calcaires ; mais il est indispensable que ces corps soient septiques, sinon on peut les voir séjourner indéfiniment dans la vessie sans y déterminer la moindre modification.

Caractères généraux. — Les calculs affectent des formes très variées : ils sont ronds ou ovoïdes, cunéiformes, en croissant, leur surface peut être lisse, bosselée, rugueuse. Leur volume est très variable aussi : on en trouve de petits comme un pois, de gros comme un œuf de poule, comme une orange ou même comme le poing ; cependant leur volume moyen chez l'adulte est de 4 à 5 centimètres. Leur poids moyen est de 20 à 40 grammes.

Leur aspect extérieur est généralement en rapport avec leur constitution chimique : c'est ainsi que les calculs composés d'acide urique sont lisses, de couleur fauve ou jaunâtre, et d'une dureté excessive ; les calculs d'oxalate de chaux sont brun rougeâtre, mûriformes, très durs aussi. Les calculs phosphatiques sont au contraire blanc grisâtre, friables et légers après dessiccation. Ceux de cystine sont d'un gris jaune.

Les autres corps qui concourent exceptionnellement à la formation des calculs sont la silice, le benzoate et le chlorhydrate d'ammoniaque, l'urée, les matières organiques (mucus, sang, matières grasses), certaines matières colorantes.

Les substances que l'on est le plus habitué à rencontrer chez l'enfant sont l'acide urique et l'oxalate de chaux.

Symptomatologie. Diagnostic. — Le développement d'un calcul est lié à la nature même de ce calcul : tandis qu'une concrétion d'acide urique, d'après M. Guyon, met plusieurs années pour atteindre 5 centimètres, nous voyons, au contraire, les calculs phosphatiques se former et grossir très rapidement.

Nous ne nous arrêterons pas à parler de ces calculs *latents* qui passent inaperçus, qui prospèrent dans une vessie tolérante, sans qu'aucun symptôme vienne révéler leur présence. Le chirurgien est parfois fort surpris, en se livrant à une exploration soigneuse et complète de la vessie, d'y trouver une pierre ; ou bien, dans d'autres cas, c'est à l'autopsie seulement que cette découverte est faite, rien pendant la vie n'ayant attiré l'attention de ce côté et le malade ayant succombé à une affection intercurrente.

Telle n'est pas la marche habituelle des calculs ; une série de symptômes bruyants a bien vite fait de mettre le malade en éveil et le chirurgien sur la voie du diagnostic. Ces symptômes, que nous allons étudier en détail, peuvent être intermittents, apparaître pendant quelques jours, puis disparaître pendant des mois et des années ; mais cela est bien rare. Le plus ordinairement ils sont continus avec exacerbations plus ou moins fréquentes, les rémissions étant d'autant plus longues et plus complètes que le malade est moins exposé à la fatigue et garde un repos plus absolu.

Bien que dans l'ensemble la symptomatologie soit chez l'enfant la même que chez l'adulte, il est cependant certains signes auxquels il convient de donner une interprétation quelque peu différente ; ce sont ces particularités que nous nous attacherons à étudier.

Tout d'abord, le jeune calculeux pisse du sang. Que faut-il penser de cette hématurie ? C'est là un signe de la plus grande valeur et en quelque sorte caractéristique de la pierre. Il n'en est point tout à fait de même chez l'adulte : l'hématurie chez lui est fréquente aussi, mais d'autres affections peuvent la présenter, le fongus de la vessie, les varices du col, par exemple. Dans le jeune âge, nous n'avons point à faire ce diagnostic et la présence du sang dans l'urine suffit presque à dissiper tous les doutes.

En est-il de même des autres signes : douleur à l'extrémité du gland, tiraillement de la verge, allongement du prépuce ? Ils manquent bien souvent, et cette inconstance leur enlève beaucoup de leur valeur. D'autre part, pour les deux premiers tout au moins, ils sont d'une constatation difficile chez un enfant du premier âge. Il ne faudrait cependant point les négliger quand ils existent, car, s'ils ne peuvent suffire au diagnostic, ils concourent à l'établir et servent à le confirmer.

Il est un autre signe qui, pathognomonique chez l'adulte, perd chez l'enfant une grande part de sa valeur, c'est l'arrêt brusque du jet de l'urine ; une contraction énergique du sphincter vésical peut déterminer un arrêt instantané du jet liquide en pleine miction, tout comme le ferait un calcul venant obstruer l'entrée du canal.

Chez l'adulte et le vieillard, au début de la maladie, les accès de douleur spasmodique sont passagers : ils sont provoqués par une excitation générale, un mouvement brusque ou les trépidations d'une voiture ; mais ils sont rapidement calmés par le repos et les moyens émollients communément employés. Les spasmes douloureux continus ne surviennent qu'à une période assez avancée de la maladie. Chez les enfants, le premier accès de douleur spasmodique est déjà très difficile à calmer, et, si on y arrive, il faut s'attendre à le voir reparaître sous l'influence de la cause la plus légère. Ces douleurs violentes et continues sont attribuées d'une part à la contractilité énergique de la vessie, et, d'autre part, au contact de la pierre avec la col vésical extrêmement sensible, contact favorisé par le non-développement de la prostate. Aussi voyons-nous souvent les petits calculeux prendre les positions les plus étranges pour éviter ce contact douloureux de la pierre : les uns se couchent invariablement sur le même côté et restent immobiles, d'autres dorment les jambes sur le lit et la tête pendante ou reposant sur une chaise.

L'ensemble des symptômes que nous venons de passer en revue peut déjà fixer nos idées. Avant de parler du cathétérisme qui seul nous donnera la certitude, nous dirons deux mots du toucher rectal. Ce mode d'investigation donne rarement des résultats positifs chez l'adulte et le vieillard ; seules, les pierres de grosses dimensions peuvent être perçues, à moins qu'elles ne soient engagées dans la région prostatique. Chez les jeunes sujets, au contraire, le périnée est mince et permet d'atteindre facilement la face postérieure de la vessie ; dès lors rien de plus aisé que de sentir avec le doigt une pierre contenue dans ce réservoir.

Nous ne serons pas long sur la manière de pratiquer le cathétérisme chez l'enfant, cette opération offrant ici peu de particularités. Le jeune malade, anesthésié ou non, sera placé sur le rebord d'une table dans la position de la taille, ou simplement couché sur le dos sur la table elle-même. Pour amener le plus grand état de relâchement des muscles abdominaux, on fera fléchir la jambe sur la cuisse et la cuisse sur le bassin. Pour lubréfier la muqueuse uréthrale, on poussera quelques gouttes d'huile phéniquée par le méat à l'aide d'une petite seringue en verre. On prendra une sonde à béquille de petit calibre ; puis, après l'avoir au préalable soigneusement désinfectée et légèrement chauffée, on l'introduira dans le canal parallèlement à la ligne blanche. Quand on sera arrivé au niveau du col, on imprimera à l'instrument un mouvement de bascule qui le fera pénétrer dans la vessie. On se mettra dès lors à la recherche du calcul. Le plus souvent celui-ci sera perçu dès le début ; sinon on se livrera à l'exploration du réservoir urinaire. Pour cela il suffira, après avoir conduit le bec de la sonde au contact de la paroi supérieure, de lui imprimer des mouvements à droite et à gauche, en haut et en bas, de manière à fouiller soigneusement tous les points de la cavité.

La rencontre du calcul produit un bruit net que les assistants peuvent entendre. Ce bruit renseigne jusqu'à un certain point sur la nature du calcul, car le son des calculs uriques est plus sec que celui des phosphatiques. On comprend toutefois que cette détermination ne peut être qu'approximative.

Une sensation de cliquetis, de grelot, indique la présence de calculs multiples.

CHAPITRE II

Discussion sur la valeur des différents modes de traitement.

Notre diagnostic une fois établi et la présence de la pierre nettement constatée dans la vessie d'un jeune garçon, quelle conduite devrons-nous tenir? Hâtons-nous de dire que l'on ne saurait compter sur l'expulsion spontanée du calcul : on a pu voir chez la femme des concrétions volumineuses s'éliminer par le canal ou à travers une ulcération de la cloison vésico-vaginale; mais, chez l'homme, la longueur et l'étroitesse de l'urèthre peuvent tout au plus livrer passage à des graviers de très petites dimensions.

Quant à la fragmentation spontanée, c'est assurément un mode de terminaison possible, mais tout à fait exceptionnel.

Nous ne parlerons même pas des différents médicaments appelés lithontriptiques, autrefois très en honneur, aujourd'hui à peu près complètement délaissés, et dont l'efficacité est plus que douteuse. Les alcalins ont cependant une action réelle, et certaines eaux minérales, telles que Vichy, Vals, Ems, etc., peuvent prévenir la formation de graviers chez les individus qui y sont sujets, elles peuvent même peut-être en dissoudre de petits déjà formés ; mais elles sont impuissantes à débarrasser la vessie de calculs volumineux. Pourtant, un Allemand, Aronsohn, rapporte (1) l'histoire d'un malade qui fut

---

(1) Aronsohn, *Dissolution d'un calcul vésical par l'emploi des eaux d'Ems* (*Berlin. klin. Wochensch.*, 1892, n° 41, p. 1029).

radicalement guéri d'un calcul vésical par une cure aux eaux d'Ems (source Wilhelm). La présence de la pierre dans la vessie de ce malade avait été constatée par Schonbron et Langenbeck, et un certificat délivré par ces deux chirurgiens atteste l'authenticité du fait. Mais il s'agit là d'un succès isolé ne pouvant, en aucune sorte, servir de base à un mode de traitement.

En somme, l'affection calculeuse de la vessie, livrée à elle-même, ne tend pas à la guérison. Elle peut rester stationnaire dans quelques cas ; mais le plus habituellement elle détermine des accidents graves et progressifs dont l'aboutissant est la mort par pyélo-néphrite. Il convient donc d'intervenir au plus vite et le plus radicalement possible, sans s'arrêter à de petits moyens : toute tergiversation est une perte de temps ; or le calcul continue à se développer, et avec son accroissement augmentent les difficultés de l'extraction.

Reste le choix du mode opératoire. Cette question est pour l'enfant toute moderne. Chez les vieux calculeux, la taille périnéale, après avoir régné en souveraine pendant des siècles, fut tour à tour mise en parallèle avec la lithotritie et la taille hypogastrique, puis en fin de compte entièrement détrônée par elles. Mais elle continua à être considérée comme la seule méthode applicable aux jeunes calculeux : presque tous les chirurgiens étaient d'accord sur ce point.

Franco avait cependant démontré, dès l'année 1560, que la taille sus-pubienne n'était pas fatalement mortelle, quelque mauvaises que fussent les conditions dans lesquelles il dut pratiquer son opération. On connaît les circonstances qui le déterminèrent à recourir à un procédé alors entièrement inconnu. Ne pouvant en aucune manière parvenir à extraire à travers une incision périnéale un volumineux calcul, il n'hésita pas, à bout de ressources, à pratiquer la lithotomie au-dessus des pubis. L'enfant guérit ; mais ce succès imprévu pouvait-il servir de base à un enseignement ou révolutionner cette branche de la chirurgie vésicale ? Franco ne le pensa pas, il ne conseilla à personne de l'imiter.

Le discrédit dans lequel est tombée la taille périnéale chez l'adulte et le vieillard peut très aisément s'expliquer. A travers la prostate et les couches épaisses du périnée, la vessie est difficile à atteindre et la voie très étroite, ouverte à grand'peine, se refuse à livrer passage aux calculs volumineux. D'autre part, la richesse des plexus veineux péri-prostatiques détermine pendant l'opération une hémorrhagie abondante. Enfin la blessure presque inévitable des canaux éjaculateurs est encore une regrettable complication.

On comprend dès lors la préférence des chirurgiens pour toute autre opération offrant moins de difficultés et plus de garanties : c'est ainsi que la lithotritie et la taille hypogastrique, après une série de modifications et de perfectionnements dans l'instrumentation et le manuel opératoire, ont été définitivement adoptées : elles sont aujourd'hui à la portée de tous les praticiens.

Pendant cette évolution, les jeunes calculeux n'en continuaient pas moins à relever la taille périnéale, et cela de la façon la plus exclusive. Cette opération offre, en effet, chez eux beaucoup moins de difficultés que chez l'adulte. La faible épaisseur du périnée et de la prostate permet d'atteindre facilement le réservoir urinaire. En raison de la médiocre vascularisation péri-prostatique, on n'a pas à se préoccuper des ennuis d'une hémorrhagie. Mais aujourd'hui, en dépit de sa facilité relative, la lithotomie sous-pubienne perd tous les jours du terrain et peut-être aura-t-elle définitivement vécu dans un avenir assez proche. Elle n'ouvre qu'une voie bien étroite permettant seulement le passage des calculs de petit et de moyen volume; pour extraire les grosses pierres, on est obligé de recourir à l'entre-bâillement forcé, entraînant le plus

souvent la dilacération du trajet périnéo-rectal avec toute ses conséquences, l'infiltration urinaire, la phlébite et la cellulite pelvienne. Aussi l'abandonne-t-on sans souci de son ancienneté, depuis que l'on a reconnu la possibilité d'appliquer à l'enfant la lithotritie et surtout la taille hypogastrique.

Chez l'enfant, la lithotritie est restée longtemps hors de cause. Pouvait-on songer à introduire dans un si petit canal les volumineux instruments de l'adulte? De plus, l'âge du sujet le rendait indocile, alors qu'une immobilité absolue est indispensable. Enfin on se serait heurté à des spasmes de la vessie, cet organe étant très excitable dans le jeune âge.

Aujourd'hui ces difficultés ont été aplanies. Grâce au chloroforme, nous n'avons plus à nous préoccuper de l'indocilité du sujet ni des spasmes vésicaux. Quant à l'étroitesse du canal, elle ne saurait être regardée non plus comme un obstacle bien sérieux : nous disposons maintenant de lithotriteurs qui, sans perdre beaucoup de leur solidité, présentent un très petit calibre : la fabrication moderne a atteint dans ce sens un très haut degré de perfection. De plus, la tâche de l'opérateur peut encore être simplifiée par la dilatation progressive du canal préconisée par de Saint-Germain. Cet auteur introduit matin et soir dans l'urèthre une bougie qu'il laisse en place pendant quelques minutes. Il est ainsi arrivé à passer en quinze jours d'une bougie répondant au n° 10 de la filière Charrière à une bougie répondant au n° 21 (1). C'est plus qu'il n'en faut pour pénétrer commodément dans la vessie.

Néanmoins cette opération, qui tient le premier rang dans la thérapeutique de l'affection calculeuse chez l'adulte et chez le vieillard, est encore très discutée chez les jeunes. La vessie de l'enfant manque de bas-fond où les pierres puissent se

(1) *Du calcul et de la lithotritie chez les enfants* (Thèse de Fournier, 1874, observ. II).

réunir, ses parois sont molles et dépressibles : ce sont là autant de difficultés pour l'opérateur. En outre, les calculs de très gros volume et d'une excessive dureté sont difficilement broyés par les branches menues de l'instrument.

Aussi la plupart des chirurgiens préfèrent-ils tailler au-dessus des pubis. Grâce aux importantes modifications que l'on a fait subir au manuel opératoire, grâce surtout aux progrès de l'antisepsie, la taille hypogastrique est aujourd'hui d'une innocuité parfaite. Risques à peu près nuls, guérison très rapide, voie large permettant l'exploration facile du réservoir urinaire et l'extraction des plus gros calculs : ainsi peuvent se résumer les avantages de cette opération.

Certaines particularités anatomiques propres à l'enfant créent, en outre, des conditions très favorables. La vessie est pour ainsi dire toute « abdominale »; tandis que chez l'adulte elle est presque entièrement cachée derrière la symphyse, ici, au contraire, elle est très élevée au-dessus des pubis, et sa paroi antérieure est directement en rapport avec la paroi abdominale. Le péritoine occupe peu de place, et le cul-de-sac prævésical est par cela même très haut situé. Bouilly nous apprend que le repli de la séreuse est peu prononcé ; avant huit ans, ce repli ne descend pas à plus de 1 1/2 à 2 pouces au-dessous de l'ombilic : on pourra donc se passer du ballon rectal qui tend toujours à remonter.

D'autre part, les diverses couches situées au-devant de la vessie sont minces, le chemin à parcourir est donc très court ; elles sont, en outre, très peu vasculaires et une incision exactement médiane peut presque se faire à blanc.

On voit d'après ce qui précède combien il sera facile d'éviter un des deux dangers les plus sérieux de la taille hypogastrique, la blessure du péritoine. Nous verrons dans un autre chapitre quels sont les moyens dont nous disposons pour prévenir l'infiltration urineuse. On a objecté la difficulté de maintenir en place le siphon drainant chez les jeunes sujets généralement indociles ; mais il suffit d'exercer une étroite surveillance. On pourra d'ailleurs, si l'on n'est point sûr de son drainage, recourir à la suture vésicale, considérée par certains auteurs comme tout particulièrement indiquée ici.

Pour résumer cette question, nous dirons avec notre maître M. le professeur Forgue : « En dépit des vieilles statistiques, illusoires en l'espèce, nous croyons, même chez les jeunes, au triomphe total de la taille hypogastrique, seule désormais en balance avec la lithotritie rapide ; les vessies dans lesquelles on ne peut pas faire de broiement doivent être ouvertes à l'hypogastre. Les tailles périnéales ont vécu, et si une seule mérite de vivoter de quelques rares indications, — périnées jeunes et calculs durs de faible volume, — c'est la taille latéralisée, respectueuse des canaux éjaculateurs, ainsi que l'ont montré les observations de Guersant et de Dolbeau, non offensive au rectum, plus largement débridante que la médiane, moins souvent compliquée de fistules permanentes que la prærectale. »

Avant d'aborder en détail l'étude de la cystotomie sus-pubienne, nous consacrerons un chapitre à la lithotritie, qui a elle aussi ses indications.

CHAPITRE III

De la lithotritie chez les enfants

Dès son apparition, la lithotritie fut considérée comme pouvant être appliquée à l'enfant. Civiale, qui est un des principaux innovateurs de cette opération, prétendait déjà, en 1826, qu'il n'y avait aucune raison pour que le jeune âge n'eût point sa part des bénéfices de la nouvelle méthode. Dans son *Traité de la lithotritie*, cet auteur nous présente des instruments inventés par lui en vue du broiement de la pierre dans la vessie, formule des règles fixes et consacre tout un chapitre à la lithotritie chez les enfants. Cette opération, dit-il, est considérée à tort comme inapplicable à l'enfance ; il suffit de tenir compte de quelques particularités résultant de certaines dispositions anatomiques ou autres : il les signale avec les indications qui en découlent et propose les moyens de remplir ces indications.

Néanmoins ce célèbre chirurgien n'arriva pas à convaincre les opérateurs et la lithotritie fut longtemps délaissée chez les enfants. La taille continua à être l'opération de choix et presque la seule employée, et cela en dépit des statistiques de Civiale tendant à démontrer qu'elle était loin de mettre le jeune opéré à l'abri de tout danger, qu'elle donnait au contraire une mortalité assez élevée.

Malgré le discrédit dans lequel était tombée la lithotritie, Ségalas s'en montra partisan. Il publia dans le Bulletin de l'Académie de médecine, en 1836-1837, un cas de lithotritie suivie de guérison, chez un enfant de quarante mois ; puis dans le même journal, en 1837-1838, une autre guérison par la même méthode, sur un enfant de quarante-six mois. Il opéra même un enfant de vingt-trois mois avec plein succès, malgré qu'il eût affaire à un calcul très volumineux. Si bien qu'il en vint à déclarer que cette opération était applicable absolument à tous les âges.

En 1838, Leroy (d'Etiolles) broie et expulse en quatre applications de deux minutes, chez un enfant de moins de quatre ans, deux pierres d'acide urique grosses comme des avelines.

Guersant qui, dans sa thèse inaugurale, conclut à l'impossibilité du broiement de la pierre par les voies naturelles au-dessous de cinq ans, change plus tard complètement d'avis. Cette opération, qu'il avait condamnée un peu prématurément, devient usuelle dans son service de l'hôpital des Enfants.

Et pourtant son exemple ne fut pas suivi. De l'année 1841, époque à laquelle il se déclara partisan de la lithotritie devant l'Académie de médecine, jusqu'en 1862, ce mode de traitement fut très rarement employé.

En 1862, Jobert de Lamballe cherche à réhabiliter cette opération ; en 1864, Dolbeau s'efforce de démontrer qu'elle offre moins de dangers que la taille et va jusqu'à prétendre que celle-ci doit lui céder le pas, ne devant plus être elle-même, dans un avenir prochain, qu'une méthode d'exception.

A partir de cette époque, la lithotritie entre dans la pratique infantile au même titre que la taille. Si jusqu'alors elle avait eu si peu de faveur, c'est que son exécution présentait de sérieuses difficultés. Les instruments de gros calibre destinés à l'adulte ne pouvaient passer à travers un urèthre trop étroit ; quant à ceux spécialement construits pour les enfants, ils n'offraient point une solidité suffisante pour broyer des pierres dures, leurs mors étaient trop courts pour broyer des calculs volumineux.

Le principal obstacle consistait dans l'obligation de faire des séances répétées, de revenir huit, dix et même quinze fois à une opération fort douloureuse et point exempte de dangers. L'introduction fréquente des lithotriteurs exaspérait la vessie. Joignons à cela l'indocilité des petits malades, l'irritabilité très grande du corps et du col de la vessie, la facilité d'engagement des calculs dans l'urèthre, résultant des contractions spasmodiques de la vessie, de l'absence de prostate et de la large embouchure de l'urèthre : nous aurons alors une idée des conditions défavorables dans lesquelles se trouvait l'opérateur.

On a triomphé peu à peu de toutes ces difficultés. Grâce aux perfectionnements apportés dans la construction des instruments, on ne se préoccupe plus de l'étroitesse du canal. Avec le chloroforme, on a facilement raison de l'indocilité des sujets et des spasmes vésicaux. Enfin, avec la lithotritie rapide, suivie de l'évacuation immédiate des débris de pierre, on n'a plus à redouter les accidents dus autrefois à l'introduction répétée des lithotriteurs. On n'a pas à craindre davantage l'engagement des débris de calcul dans l'urèthre, accident grave qui faisait tant hésiter les chirurgiens. Aussitôt broyée, la pierre est évacuée selon la méthode de Bigelow (litholapaxie); on ne compte plus sur l'expulsion spontanée. Si, malgré tout, quelque fragment échappé à l'appareil évacuateur venait à se loger dans l'urèthre, nous ne serions point désarmés ; nous exposerons plus loin les moyens d'intervenir en pareil cas.

Avant d'aborder l'étude de l'opération elle-même, il est bon, croyons-nous, de dire quelques mots de l'appareil instrumental spécial à la lithotritie.

Nous ne parlerons point des instruments aussi bizarres que variés employés dans des siècles bien antérieurs au nôtre par certains malades se risquant à broyer leur propre pierre pour se soustraire à la taille. Sans remonter aussi avant, combien nous sommes loin, aujourd'hui, des brise-pierre de Gruithui-sen, d'Amussat, de Leroy (d'Etiolles) et de Civiale lui-même!

Tous ces instruments étaient rectilignes et construits de telle sorte que le calcul était d'abord saisi par des lames métalliques élastiques, puis divisé par un foret actionné au dehors par l'opérateur.

Actuellement, tous nos lithotriteurs sont courbes, d'un maniement facile et d'une solidité à toute épreuve. Le plus communément employé est le brise-pierre de Collin, dans lequel l'écrou brisé de Charrière permet de fixer solidement le calcul dont le broiement parfait est assuré par les mors de Reliquet. Des modèles de cet instrument ont été construits spécialement pour l'enfant; nous en avons de plusieurs calibres, selon l'âge du sujet : ils sont très gracieux, sans perdre sensiblement de leur solidité.

Thompson, pour les jeunes enfants, se sert d'un petit lithotriteur répondant au n° 11 de la filière Charrière et fonctionnant sans vis. Cet instrument permet de pratiquer le broiement par la simple pression de la paume de la main sur la rondelle terminale de la branche mâle, la branche femelle portant près de son extrémité manuelle une tige transversale qui sert de point d'appui aux doigts de la main qui agit.

Le Dr L.-P. Alexandrow, chirurgien à l'hôpital d'Enfants de Sainte-Olga à Moscou, emploie exclusivement les mors fenêtrés. « Nous nous servons maintenant, dit-il (1), du plus petit calibre du lithotriteur fenêtré, c'est-à-dire du n° 14 de la filière française (n° 7 de l'anglaise). Les instruments en forme de cuillère sont un peu plus petits, mais leur emploi est très dangereux, car les fragments de calcul qui restent pris

---

(1) Dr L.-P. Alexandrow, *Lithotritie bei Kindern* (*Deutsche Zeitschrift für Chirurgie*, 1891).

dans le bec en augmentent le volume, de telle sorte que le retrait ne peut se faire qu'avec de grandes difficultés, ce qui expose l'urèthre à de profondes déchirures. Par suite, les instruments en forme de cuillère ne devraient, à proprement parler, jamais être employés. Les dimensions des mors de l'instrument de petit calibre ne permettent le broiement de la pierre qu'autant que celle-ci est saisie en un point où son diamètre n'est pas supérieur à 2 centimètres. »

Le tableau ci-dessous, établi par Demarquay et A. Cousin, donne la mesure maxima du bec du lithotriteur qui convient à chaque âge (1).

De 2 à 4 ans : largeur 5 millim.; épaisseur 4 millim.

De 6 à 10 ans : largeur 6 millim.; épaisseur 5 millim.

De 6 à 15 ans : largeur 5 à 7 mill.; épaisseur 5 à 6 mill.

Manuel opératoire. — La lithotritie se pratique chez l'enfant comme chez l'adulte; aussi ne décrirons-nous point l'opération dans tous ses détails. Nous insisterons de préférence sur les particularités créées par le jeune âge du sujet.

Pour faciliter l'introduction et la manœuvre du lithotriteur qui pourra ainsi être plus puissant, Demarquay et A. Cousin conseillent de dilater progressivement l'urèthre à l'aide de bougies graduellement croissantes, mises en place chaque jour et laissées une demi-heure dans le canal : nous avons vu les heureux résultats auquel est arrivé de Saint-Germain qui pratique couramment cette manœuvre préalable. Les enfants sont moins exposés que l'adulte aux accidents du cathétérisme : c'est là une circonstance favorable dont il faut savoir tirer parti.

On aura soin de faire des injections vésicales aussi bien

(1) Article Lithotritie du *Nouveau Dictionnaire de médecine et de chirurgie pratiques.*

pendant la période de dilatation que pendant l'opération elle-même ; on se gardera toutefois d'injecter une quantité trop considérable de liquide, car une vessie jeune se laisse facilement distendre, ce qui augmente les difficultés de la recherche et de la prise du calcul.

En ce qui concerne la position à donner au sujet, nous pensons qu'il y a lieu de nous étendre un peu plus longuement. C'est là un point parfaitement étudié par Reliquet. « Chez l'adulte et le vieillard, dit cet auteur (1), l'élévation plus ou moins grande du siège, l'inclinaison plus ou moins considérable du tronc à donner à l'opéré, tiennent surtout, comme nous l'avons dit souvent, au degré d'élévation de la lèvre inférieure du col vésical au-dessus du trigone. Comme cette position de la lèvre inférieure du col, par rapport au plancher de la vessie, est due le plus souvent au développement de la prostate, nous avons fait remarquer que, chez les sujets jeunes dont la prostate n'est pas développée, le col de la vessie étant sur le même plan que le trigone, chez eux la position horizontale est celle qui convient pour l'opération. »

Il faudrait toutefois bien se garder de faire prendre systématiquement au jeune opéré cette position horizontale sans s'être livré au préalable à un examen approfondi. En effet, chez le nouveau-né, en raison de l'élévation très grande de la vessie au-dessus des pubis, l'urèthre prend une direction curviligne et embrasse la symphyse ; mais, à mesure que l'individu avance en âge, la vessie s'abaisse, tend à se loger tout entière dans le bassin, si bien que vers 13 ou 15 ans elle demande à être dilatée pour dépasser le bord supérieur du pubis. Or, il arrive que, chez des enfants porteurs d'une pierre déjà ancienne et dont ils ont beaucoup souffert, on observe un arrêt de développement dans la constitution générale. Dès lors

(1) Reliquet, *Traité des opérations des voies urinaires*, p. 618.

le retrait de la vessie n'est point proportionné à l'âge du sujet et, sans un examen approfondi, on est exposé à se méprendre sur le degré de courbure de l'urèthre. « Pendant toute cette opération du développement de l'individu, dit Reliquet, le col vésical correspond successivement, de haut en bas, aux différents points de la face postérieure du pubis.

» De cette particularité anatomique il résulte que l'examen antérieur, fait avant toute lithotritie, conduit à placer le sujet sur un siège d'autant plus élevé et le corps d'autant plus incliné, qu'on a à opérer un sujet plus jeune, exactement comme s'il s'agissait d'un vieillard à grosse prostate. »

Parmi les difficultés de la lithotritie chez l'enfant, nous avons signalé l'indocilité du sujet, contre laquelle il est impossible de lutter par le raisonnement. Civiale conseillait de faire tenir le jeune opéré par trois aides, un à chaque cuisse et un troisième tenant le tronc et la tête, pour l'empêcher de s'asseoir brusquement, ce qui l'exposerait à de très graves accidents, l'instrument étant dans la vessie. Nous considérons cette manière de faire comme préférable à celle qui est usitée en Angleterre pour la taille, et qui consiste à attacher solidement l'enfant sur la table d'opérations.

Aujourd'hui les chirurgiens préfèrent recourir au chloroforme. Si l'utilité de l'anesthésie est encore très discutée chez l'adulte, elle est admise par tous chez l'enfant, et considérée comme rigoureusement indispensable. « Pour moi, dit Jobert (de Lamballe) (1), je n'hésite pas à établir que la chloroformisation doit être un des temps de la lithotritie chez les enfants. Vainement on chercherait un moyen plus efficace et plus sûr pour rendre l'opération rapide et exempte de douleur, car elle procure l'insensibilité sans nuire à l'organisme. »

(1) Jobert (de Lamballe), *Réflexions cliniques sur la lithotripsie chez les enfants* (*Comptes rendus de l'Académie des sciences*, 1862).

Soins consécutifs. — L'opération terminée, l'enfant sera couché chaudement, on lui fera prendre des boissons chaudes et légèrement stimulantes. Il sera l'objet d'une surveillance très assidue ; on veillera surtout à l'empêcher d'uriner, car la vessie se contractant très énergiquement, on serait exposé à voir des fragments de calculs s'engager dans l'urèthre. Avec la litholapaxie cet accident, autrefois très fréquent, n'est plus guère à craindre aujourd'hui ; il se produit néanmoins encore quelquefois.

En présence de cette complication, que convient-il de faire ? Il faut nécessairement intervenir pour prévenir des troubles graves de la miction et l'intoxication urineuse. Quant au mode d'intervention, il varie avec le siège du gravier. Lorsque celui-ci est arrêté profondément, entre le collet du bulbe et la vessie, ou seulement engagé dans le col, on doit chercher à le refouler dans la vessie à l'aide d'une sonde. La grosse sonde de Gély, est le meilleur instrument dans ce cas. Au contraire, lorsqu'il est engagé entre le collet du bulbe et le méat, dans la portion spongieuse, on ne peut alors songer à le refouler dans la vessie et l'on doit toujours chercher à le retirer par le méat. Lorsqu'il siège dans la fosse naviculaire, l'extraction peut se faire à l'aide d'une pince à dissection ordinaire ou d'une curette passée en arrière du gravier. Si l'orifice du méat est jugé insuffisant, on pourra le débrider.

Dans certains cas, le calcul trop volumineux ou anguleux ne peut être retiré sans exposer la muqueuse à des déchirures: on doit alors le broyer dans le canal à l'aide du brise-pierre uréthral de Civiale ou de Reliquet.

Lorsque le gravier est à la partie moyenne du pénis, on peut recourir à un moyen bien simple et qui réussit le plus souvent : ce moyen consiste à introduire dans l'urèthre une petite bougie à demeure. Cette bougie, qui passe entre le gravier et la paroi du canal, a pour but de calmer les spasmes de l'urèthre, de permettre la sortie de l'urine et par cela même de favoriser l'expulsion du calcul dont le diamètre le plus faible tendra à se placer dans le champ du calibre de l'urèthre, sous l'influence du flot d'urine qui le chassera au dehors.

On pourra encore, dans le même cas, aller saisir le calcul au moyen de la pince uréthrale à anneaux.

Il est rare que le gravier s'arrête dans la cavité même du bulbe, le flot liquide tendant sans cesse à le pousser dans la partie rétrécie du canal située entre le bulbe et la portion moyenne du pénis. Il peut arriver cependant que, dans des manœuvres de préhension, un calcul primitivement situé au niveau de la portion spongieuse soit refoulé en arrière et tombe dans la cavité du bulbe. Il ne reste plus alors qu'à le broyer sur place, car on ne saurait songer à le refouler en arrière, le cul-de-sac du bulbe s'y opposant, ni à le retirer intact à l'aide des différentes pinces inventées pour cet usage.

Quel que soit le siège du calcul, si aucun des moyens ci-dessus ne réussit, on n'hésitera pas à pratiquer la lithotomie uréthrale. L'urèthre incisé au niveau de la pierre, on pourra alors saisir celle-ci avec des pinces et l'extraire par la boutonnière ainsi faite.

Indications et contre-indications. — La lithotritie, on le voit, est une opération parfaitement applicable à l'enfance. On l'a pratiquée à tous les âges avec des résultats variables selon les conditions dans lesquelles on opérait.

Certains auteurs voient dans l'âge une contre-indication. Bouilly rejette la lithotritie au-dessous de 5 ans, et de 10 à 12 ans il ne la conseille que si le calcul est petit et friable. Au delà de 14 ans, les indications sont les mêmes que chez l'adulte.

Demarquay et A. Cousin préfèrent la taille au-dessous de 2 ans, parce que l'urèthre est très étroit. Sir H. Thompson conseille de n'attaquer chez les enfants en bas âge que des calculs petits et peu résistants, car les instruments faibles et à mors courts peuvent se rompre ou tout au moins se fausser. Pour lui, de 3 à 7 ou 8 ans, on ne doit broyer que les calculs ne dépassant pas 2 centimètres. De 9 à 13 ans, on peut aller jusqu'à 3 centimètres.

Alexandrow (1), se basant sur une série de 32 lithotrities pratiquées par lui sur des enfants, conclut de la manière suivante : « Si l'urèthre est assez large pour qu'un instrument de petit calibre (n° 14) puisse y être introduit facilement, et si le diamètre de la pierre ne dépasse pas 2 centimètres 1/2, la lithotritie est indiquée.

» Si ces conditions ne sont pas remplies, on obtient avec la taille haute, suivie de suture de la vessie, de meilleurs résultats. »

Pour cet auteur, l'âge n'entre point en considération, puisque les 27 cas suivis de succès et cités par lui se divisent ainsi :

De 1 à 5 ans. . . . . 15 cas
De 5 à 10 ans. . . . . 9 cas
De 10 à 12 ans . . . . 2 cas
14 ans. . . . . 1 cas

Dans les cinq autres cas, suivis de mort, l'auteur attribue son insuccès à l'étroitesse trop grande de l'urèthre et à la non-observation des règles formulées par lui.

A côté du volume de la pierre, nous pensons qu'il faut placer sa dureté. Tel calcul phosphatique de 3 centimètres et plus sera facilement broyé, une fois saisi, tandis qu'un autre,

---

(1) Alexandrow, *loc. cit.*

composé d'acide urique et dont le volume sera à peine d'un centimètre et demi à 2 centimètres, résistera à la pression la plus énergique des mors de l'instrument.

On s'assurera avant d'opérer que l'état général est bon, que la vessie est saine et sans catarrhe purulent, que les calculs ne sont ni adhérents ni enchâtonnés.

CHAPITRE IV

De la taille hypogastrique chez les enfants

HISTORIQUE

C'est Franco qui en 1560 pratiqua le premier la taille hypogastrique sur un enfant de quinze ans. Non pas qu'il eût alors
l'intention de créer une méthode nouvelle ; mais ayant entre-
pris le procédé de Celse, connu plus tard sous le nom de
taille par le petit appareil, et ne pouvant amener au périnée le
calcul du volume d'un œuf de poule environ, lequel, au contraire, était très facilement senti à l'hypogastre, ce chirurgien
se décida à tailler au-dessus du pubis, ne voulant point s'exposer à voir l'enfant succomber sur la table d'opération en
présence des parents alarmés. « Le patient fut guary, dit-il,
(nonobstant qu'il en fut bien malade) et la playe consolidée. »
Pourtant, malgré ce succès inespéré, Franco recommande de
ne point recourir à un tel procédé : « Combien je ne conseille
à homme d'ainsi faire ! »

Loin de suivre ce conseil, un chirurgien du nom de Rosset
ou Rousset voulut, en 1581, faire revivre l'opération de Franco
en lui fixant des règles ; il étudia la région sous-ombilicale,
les rapports de la vessie avec le péritoine, et s'efforça surtout de trouver un moyen d'éviter la blessure de la séreuse.
Il proposa pour cela d'injecter des liquides dans la vessie, ou

de la laisser distendre par l'urine elle-même en liant la verge un ou deux jours avant l'opération et en donnant au malade des boissons diurétiques. Après l'opération, il conseillait la sonde à demeure.

Ce procédé est assurément très ingénieux, mais Rosset lui-même n'eut point l'occasion de l'appliquer; en sorte que, un siècle plus tard, les plaies de la vessie étaient encore considérées comme mortelles.

Fabrice de Hilden, qui n'a point compris la description donnée par Rosset, propose de conduire la pierre dans l'aine gauche au moyen des doigts introduits dans le rectum et d'inciser sur elle. Aussi ne conseille-t-il pas de pratiquer cette opération : « *Cum dicto igitur Dn. Franco, fideli atque industrio cuivis chirurgo periculosæ hujus lithotomiæ administrationem iterum atque iterum dissuadeo.* »

Le XVIIe siècle nous offre peu de faits importants à considérer au point de vue de la taille sus-pubienne.

Dans la seconde moitié du XVIIIe, M. de Lamoignon, cédant aux instances de Brayer, qui voulait tirer cette opération de l'oubli dans lequel elle était tombée, chargea Colot, opérateur du roi pour la pierre, de se livrer à des expériences sur le cadavre; mais celui-ci, obéissant à des intérêts personnels, déclara qu'il ne pouvait *songer qu'avec horreur* à l'opération dont on le chargeait. La taille hypogastrique fut dès lors complètement abandonnée en France.

Reprise en 1792 par Chelseden, en Angleterre, elle fut délaissée par ce chirurgien aussitôt qu'il eut inventé la taille latérale.

En 1769, frère Come publie un mémoire sur la taille haute : il cite 36 observations sur lesquelles est basée sa nouvelle méthode. Il complique l'appareil instrumental pour la division de la ligne blanche; mais il a le grand mérite de mettre en lumière les dangers de la blessure du cul-de-sac péritonéal et

3

d'enseigner à dénuder la face antérieure de la vessie, puis à refouler en haut la séreuse. Il renonce aux injections destinées à faire saillir le réservoir urinaire et les remplace par une sonde à dard de son invention, qui fait saillir la vessie et marque le point à inciser.

Pendant presque tout le XIXᵉ siècle, jusqu'à ces dernières années, la taille hypogastrique a été fort peu pratiquée : on la regardait comme une opération dangereuse et grave dans ses suites. « Quant à moi, dit le Dʳ Horteloup (1), la première taille hypogastrique à laquelle j'ai assisté est celle que j'ai pratiquée moi-même, il y a quelques années, à la Maison municipale de santé. » Ces paroles du chirurgien de Necker prouvent assez combien cette opération était tombée dans l'oubli.

Les deux grands écueils, alors très difficiles à éviter, étaient la blessure du péritoine et l'infiltration urineuse : la gravité de ces deux accidents suffit à justifier le discrédit de l'opération qui les provoque. Nous verrons comment le ballonnement rectal, imaginé par Petersen, nous permet maintenant d'échapper au premier de ces dangers, et comment nous évitons le second par la suture vésicale ou par le drainage du réservoir urinaire. Par-dessus tout l'antisepsie, rigoureusement observée, met l'opéré à l'abri de toutes les complications jadis si redoutées ; grâce à elle, la blessure du péritoine elle-même n'est plus aujourd'hui fatalement mortelle lorsqu'elle se produit en dépit de toutes les précautions et de toute l'habileté du chirurgien.

L'histoire de la taille hypogastrique chez l'enfant se confond avec l'histoire de cette opération chez l'adulte. L'opéré de Franco n'était-il pas un petit garçon de quinze ans ? Mais jusqu'à ces dernières années elle fut toujours rarement prati-

(1) Dʳ Horteloup, *La taille hypogastrique depuis Franco* (*Progrès médical*, 18 juin 1892).

quée : nous avons exposé les raisons qui lui faisaient préférer la taille périnéale.

Pourtant, en 1879, le professeur L.-C. Van Goudœver, (d'Utrecht), s'exprimait déjà ainsi : « Chez les enfants, la lithotomie sus-pubienne doit être préférée à toute autre méthode. »

En 1883, Fleury (de Clermont-Ferrand) conseillait de l'appliquer aux calculs volumineux difficiles à extraire par le périnée. Le 14 mars de la même année, Charles Monod, dans un rapport lu à la Société de chirurgie, conclut que la taille hypogastrique chez l'enfant est une excellente opération.

En somme, c'est vers 1880 que la taille hypogastrique a commencé à revivre en France, grâce aux précautions opératoires et aux perfectionnements de la technique que nous avons exposés.

En Allemagne, Bergmann déclare au Congrès des naturalistes et médecins allemands, tenu à Magdebourg en 1884, que la taille hypogastrique ainsi qu'on la pratique aujourd'hui l'emporte *dans tous les cas,* par la sécurité qu'elle procure et par son innocuité, sur la lithotritie et même sur la litholapaxie.

A cette même occasion, Petersen estime dans le « *Centralblatt für Chirurgie* » que le broiement de la pierre dans la vessie ne mérite plus désormais qu'une place dans l'histoire de la médecine. C'est aller un peu loin assurément, mais l'opinion de ces deux grands chirurgiens montre bien ce que l'on peut attendre de cette opération.

Dès lors, on n'a pas tardé à en apprécier les grands avantages ; elle est aujourd'hui adoptée par tout le monde et si, chez l'adulte et le vieillard, elle cède le pas à la litholapaxie, nous n'hésitons pas à proclamer que, chez l'enfant, elle tient le premier rang dans le traitement des calculs vésicaux.

ANATOMIE DE LA RÉGION HYPOGASTRIQUE
CHEZ L'ENFANT

Dans le jeune âge, la région hypogastrique offre quelques particularités importantes à étudier, en ce qu'elles simplifient le manuel opératoire et augmentent les chances de succès de la taille. Ces particularités se rapportent principalement à la forme et à la position de la vessie, à la situation relativement élevée du cul-de-sac prævésical.

Nous ne parlerons point des différentes couches qui constituent la paroi abdominale antérieure : elles sont les mêmes que chez l'adulte. Cette étude sommaire ne portera que sur les organes profonds, qui seuls offrent quelque intérêt.

Chez l'enfant, la vessie a une forme allongée et se trouve très haut située dans le bassin. Chez le nouveau-né, elle est tout entière au-dessus des pubis ; elle s'abaisse peu à peu, à mesure que le sujet grandit et que le bassin se développe : elle finit par se loger complètement en arrière de la symphyse. Pour Reliquet(1), à la puberté, c'est-à-dire vers l'âge de treize à quinze ans, elle ne parvient à dépasser le bord supérieur des pubis que lorsqu'elle est assez dilatée. Cette manière de voir n'est point partagée aujourd'hui par tous les auteurs, et, s'il est bien établi par les récentes recherches de Langer, Chauvel et Etienne, que chez les enfants la vessie occupe une position très élevée, on ne sait point encore exactement à quel âge elle commence à s'abaisser, et moins encore peut-être celui où elle disparaît complètement derrière la symphyse.

Heuermann prétend que la vessie ne s'enfonce dans le petit bassin qu'à l'âge de dix-huit ans; pour Sappey, au contraire,

(1) Reliquet, *Traité des opérations des voies urinaires.*

à la fin de la seconde année elle serait tout entière cachée dans l'excavation. Pitha reporte la limite à l'âge de huit ans, Jarjavay et Podroski à la puberté ; enfin, Bouley adopte comme limite quinze à seize ans. Des mensurations effectuées par Étienne sur deux sujets âgés, l'un de dix-neuf ans et l'autre de vingt ans, semblent prouver que la vessie conserve parfois plus longtemps sa position élevée.

Le péritoine, avons-nous dit, descend bien rarement jusqu'à la symphyse pubienne. C'est là un point bien étudié par Valette, qui le premier l'a mis en lumière, et par Pitha, qui assure que chez l'enfant de huit ans le péritoine descend seulement à 1 ou 2 lignes au-dessous de l'ombilic.

Mannheim a fait des recherches très approfondies qui l'ont conduit à affirmer que, chez les enfants, jamais le cul-de-sac péritonéal ne descend jusqu'au pubis. Gross (de Nancy), qui a repris cette question, arrive aux mêmes conclusions et admet que jusqu'à l'âge de dix ans, la vessie étant vide, la distance entre la symphyse et le cul-de-sac péritonéal peut atteindre 4 centimètres. Cette distance augmente encore lorsque la vessie se remplit.

On comprend aisément combien cette situation abdominale de la vessie et cette élévation du cul-de-sac péritonéal au-dessus du pubis seront favorables à l'opération. On pourra facilement atteindre la face antérieure du globe vésical sans blesser la séreuse. Gross (de Nancy), qui a réuni 300 observations de taille hypogastrique chez de jeunes sujets, ne trouve que 9 blessures du péritoine, dont 4 se sont terminées par la mort.

TECHNIQUE OPÉRATOIRE

Parmi les avantages de la taille hypogastrique, nous devons signaler la simplicité de son appareil instrumental, qui contribue pour une très large part à faire entrer cette opération dans la chirurgie courante. Le praticien n'a pas besoin de se munir d'instruments spéciaux : on a renoncé aujourd'hui à l'emploi de la sonde à dard de frère Come, qui pendant longtemps a rendu de très grands services, mais que le ballon de Petersen a très avantageusement remplacée. On a renoncé également au bistouri de Belmas et au gorgeret à crochet.

Un bistouri ordinaire pour inciser les téguments, les couches musculaires et aponévrotiques de la paroi abdominale, et qui servira en outre à ponctionner la vessie, des écarteurs pour éloigner l'une de l'autre les lèvres de l'incision, puis, si l'on veut, des tenettes ou des pinces pour aller saisir la pierre dans a cavité vésicale, telle est l'instrumentation fort simple de la taille hypogastrique. On pourra y ajouter quelques pinces hémostatiques.

On rasera soigneusement le champ opératoire, c'est-à-dire les régions pubienne et sus-pubienne, on le rendra aseptique par des lavages et brossages au savon noir et à l'alcool, puis on mettra de chaque côté de la ligne médiane, à hauteur de l'incision, des linges aseptiques, destinés à garantir la plaie de toute contamination de voisinage. Les jambes seront emmaillottées d'ouate.

On lavera la vessie avec une solution boriquée à 4 pour 100, puis on injectera dans sa cavité une certaine quantité de la même solution, destinée à la tendre pendant l'opération et à la faire saillir à l'hypogastre. La sonde de petit calibre ne pouvant recevoir l'extrémité de la canule de la seringue, il sera bon d'employer un ajutage intermédiaire. La quantité de liquide à injecter est évidemment proportionnée à l'âge de l'opéré et à la capacité du réservoir urinaire; on saura que la distension est complète lorsque le piston de la seringue éprouvera une certaine résistance. On devra renoncer à remplir la vessie, lorsqu'on verra se produire des contractions douloureuses. Un tube en caoutchouc liant le gland sur la sonde, et dont les deux extrémités seront saisies entre les mors d'une pince à forcipressure, s'opposera à la sortie du liquide injecté.

Avant de procéder à la distension complète de la vessie, on aura eu soin d'introduire dans le rectum le ballon de Petersen, vide, roulé sur lui-même et enduit de vaseline. On veillera à ce qu'il soit bien placé au-dessus du sphincter anal, afin que le malade ne puisse l'expulser dans les efforts auxquels il pourra se livrer.

Delefosse (1) conseille de conserver toujours le ballon dans une solution de sublimé, et de le laver dans une solution boriquée au moment de s'en servir.

Une fois en place, on le gonfle, soit avec de l'air, soit avec du liquide, de l'eau boriquée par exemple, dont la quantité varie avec la capacité de l'instrument et les besoins de la cause. On se basera sur le bombement hypogastrique.

Chez l'enfant, la vessie s'élevant très haut, le cul-de-sac péritonéal se trouvant toujours à une distance assez grande du pubis et ne descendant pas au-devant du globe vésical aussi bas que chez l'adulte et le vieillard, le ballon de Petersen n'est pas considéré comme indispensable. Gross (de Nancy) le regarde même comme inutile, et certains chirurgiens sont allés jusqu'à douter de son efficacité. Il est vrai que Mannheim a démontré que la distance entre le cul-de-sac et la

---

(1) Delefosse, *La pratique de l'antisepsie dans les maladies des voies urinaires.*

symphyse augmente lorsqu'on remplit à la fois la vessie et le rectum.

On pourra, comme le fait M. Tédenat, remplacer le ballon en caoutchouc par un simple tampon d'ouate vaselinée. M. Forgue se trouve très bien d'un procédé, imaginé par lui, qui consiste à charger un aide, d'ailleurs étranger à l'opération, d'introduire son index dans le rectum du malade, de façon à soutenir et à faire saillir la vessie, jusqu'à ce qu'elle ait été ponctionnée et ouverte.

Tous les préparatifs étant achevés et toutes les précautions bien prises, le chirurgien incise la peau de bas en haut sur la ligne médiane et sur une étendue de 10 centimètres environ, empiétant un peu sur le bord supérieur de la symphyse. Il sectionne la peau et le tissu cellulaire sous-cutané. Arrivé sur la ligne blanche, il fait une boutonnière par laquelle il introduit une sonde cannelée et l'incise sur la sonde. S'il ne parvient pas à rencontrer très exactement l'interstice intermusculaire, il tranche carrément en pleins muscles droits et pyramidaux, les traverse et arrive sur le fascia transversalis, il le pince et l'incise le plus près possible des pubis. De son index gauche il dénude soigneusement la face antérieure de la vessie, et refoule vers la partie supérieure de l'incision le tissu cellulaire prævésical, le péritoine, ainsi que le plexus veineux qui se présente alors, et dont la blessure donnerait lieu à une hémorrhagie abondante. Le globe vésical est alors pincé et solidement fixé à l'aide d'un tenaculum. M. le professeur Forgue recommande l'emploi d'une pince-érigne spécialement fabriquée pour cet usage.

Il s'agit maintenant d'ouvrir la vessie et, pour cela, le bistouri est aujourd'hui le seul instrument employé : « L'index gauche, « doigt refouleur » (1), restant en garde à la partie

---

(1) E. Forgue et P. Reclus, *Traité de thérapeutique chirurgicale*, 1892, t. II, p. 833.

supérieure de l'incision, pointez d'un coup dans la vessie et menez la lame vers le bas sur une étendue de 4 à 5 centimètres, sans vous rapprocher trop du pubis, de façon à fuir les plexus péri-cervicaux. Au besoin, agrandissez la section aux ciseaux, guidés par le doigt qui ne doit pas quitter la vessie avant le passage des « fils suspenseurs. »

Un fil de soie placé sur chacune des lèvres de l'incision, à 1 centimètre du bord environ et confié à un aide, permet de maintenir la vessie toujours béante et de soulever le bas-fond et le col, qui ont une très grande tendance à se cacher profondément derrière la symphyse pubienne. C'est à Guyon que nous devons ce procédé aussi simple qu'ingénieux.

On achèvera de rendre béante la cavité vésicale au moyen d'une valve de Bazy, placée à l'extrémité supérieure de l'incision.

Horteloup recommande l'emploi d'un instrument imaginé par lui, destiné à la fois à ponctionner la vessie, à la soutenir et à la maintenir ouverte, remplaçant ainsi le bistouri, les fils suspenseurs et la valve de Bazy. C'est une lance formée de deux lames qui divergent une fois introduites dans la vessie, grâce à un mouvement imprimé par le pouce de l'opérateur. Un clapet s'oppose alors au rapprochement des lames qui, maintenues écartées, constituent un appareil sustenteur très solide.

Malgré tous les avantages que lui reconnaît son inventeur, cet instrument n'a pas prévalu, et l'on s'en tient d'ordinaire au procédé que nous avons décrit ci-dessus.

Aussitôt la vessie ouverte et fixée, on s'empresse de retirer la sonde et le ballon rectal, s'il a été employé. Le globe vésical se trouvant subitement décongestionné, l'hémorrhagie diminue.

La cavité vésicale, abondamment lavée à l'eau boriquée, est facilement débarrassée des calculs qu'elle contient, soit avec les doigts, soit avec une pince ou des tenettes. Si la pierre est trop volumineuse, on la divisera dans la vessie, plutôt que de s'exposer à déchirer les lèvres de l'incision; si elle est enchâtonnée, on débridera la muqueuse ou bien on dilatera le collet de la cellule. Enfin, on terminera par un nouveau lavage boriqué aussi abondant que le premier.

Comment allons-nous maintenant mettre la plaie hypogastrique à l'abri du contact de l'urine? Nous avons vu, en effet, qu'un des deux principaux dangers de la taille sus-pubienne est l'infiltration urinaire dans le tissu cellulaire prævésical. Aujourd'hui, il est vrai, avec l'antisepsie, l'infection est beaucoup moins à redouter; de plus, les urines des jeunes calculeux sont peu irritantes, et leurs altérations, d'ailleurs très rares, sont généralement peu intenses. Cependant, malgré leur innocuité relative, il est bon d'en préserver la plaie hypogastrique.

La première idée qui est venue à l'esprit des chirurgiens a été de placer une sonde à demeure dans la vessie pour détourner le cours des urines, mais on a dû bientôt renoncer à ce procédé. En effet, l'urine au lieu de s'écouler par la sonde sortait par l'incision et l'on tombait ainsi dans le danger que l'on voulait éviter. On a donné de ce phénomène différentes explications : il est probable que l'issue de l'urine par la plaie résulte de la pression élastique des viscères abdominaux et des intestins en particulier sur la surface de la vessie et à l'oblitération des yeux de la sonde par les parois de l'organe. « Mais, dit Guyon (1), dès que la plaie est en partie comblée, on peut espérer que la sonde fonctionnera. Nous devons en recommander vivement l'emploi dans la seconde période du

(1) F. Guyon, *Annales des maladies des organes génito-urinaires*, 1883, p. 117.

traitement, mais insister sur sa contre-indication formelle pendant les premiers jours. » Nous verrons que ce précepte est aujourd'hui couramment mis en pratique.

'En présence des résultats négatifs de la sonde à demeure dans les premiers jours qui suivent l'opération, on s'est demandé s'il ne serait point possible de suturer complètement la vessie et d'obtenir la réunion par première intention. Cette idée, on le conçoit, était de nature à séduire les opérateurs. « Fermer la voie accidentelle créée par l'opération, dit Marc Sée (1), c'est évidemment rendre impossible tout accident lié au passage de l'urine et réaliser l'idéal de la cystotomie ; c'est en même temps, on ne saurait en douter, abréger considérablement la durée du traitement et hâter la guérison. »

Mais la suture vésicale réalise-t-elle bien toujours cet idéal ; répond-elle bien toujours à toutes les espérances ? Dès 1858, Lotzbeck obtenait pour la première fois sur l'homme la réunion immédiate ; auparavant, la suture avait été expérimentée sur les animaux par Jobert et par Pinel Grand-Champ. Plus récemment, W. Maximow et M. Snamensky se sont livrés à des expériences de même ordre sous les auspices de Sklifossowsky, expériences qui, pour la plupart, ont donné des résultats favorables.

Aujourd'hui les avis sont encore très partagés : certains chirurgiens prétendent que la suture vésicale doit être appliquée à tous les cas ; d'autres, au contraire, la rejettent radicalement, et parmi ceux-ci nous pouvons citer Albert, Dittel, W. Meyer, Trendelenburg, Garcin, Tuffier, Thompson, Guyon. D'une façon générale, la suture vésicale est repoussée en France par la presque totalité des chirurgiens, et c'est en Allemagne qu'elle compte le plus de partisans. Cependant son

---

(1) Marc Sée, *Etude sur la taille hypogastrique* (*Revue de chirurgie*, 1887, p. 43).

adversaire le plus acharné est certainement Trendelenburg.
« Même dans les cas, dit cet auteur, où la suture réussirait,
un drainage bien fait serait encore préférable. » Il a soutenu
que l'on pourrait à peine citer un cas où l'urine ne se soit
écoulée par la plaie en quantité plus ou moins grande. C'est
aussi l'avis de Poncet (de Lyon)(1) : « J'ai fait, dit-il, quatre
fois la cystotomie sus-pubienne. J'ai suturé la vessie, mais
j'ai toujours vu suinter l'urine à travers la suture, si ce n'est
dans un cas où j'avais employé l'excellente méthode de drainage de M. Demons. »

Il faut convenir, en effet, que la réunion *per primam* est
très difficile à obtenir ; cela tient à ce que, pour éviter la blessure du péritoine, on dénude avec soin la face antérieure de la
vessie, en sorte que la suture adosse non point des surfaces
séreuses qui, on le sait, tendent à se souder facilement, mais
des surfaces fibreuses bien moins disposées à s'accoler.

Ce n'est point là le seul grief relevé par ses adversaires à
l'encontre de la suture vésicale : on lui a reproché d'échouer
précisément lorsqu'on souhaiterait le plus de la voir réussir,
c'est-à-dire lorsque l'urine est alcaline, chargée de pus et de
matières septiques exposant la plaie à une infection presque
inévitable. On a dit qu'en raison de la profondeur à laquelle se
trouve la vessie et de l'étroitesse du champ opératoire, la
suture était longue et difficile à pratiquer. On a prétendu enfin
que, lorsqu'elle échoue, la suture vésicale aggrave l'état du
malade en le mettant dans des conditions plus défectueuses
que si elle n'avait pas été tentée.

Nous n'entreprendrons point de discuter la valeur de ces
accusations qui ont d'ailleurs été combattues par les plus émi-
nents partisans de la suture. Il est plus utile, croyons-nous,
d'étudier son application à l'enfance.

(1) Poncet (de Lyon), Congrès français de chirurgie (*Revue de chirurgie*
novembre, 1886).

De l'avis de tous les auteurs, l'enfant se trouve, au point de vue de la suture vésicale, dans des conditions bien plus avantageuses que l'adulte et le vieillard. En effet, chez lui la vessie est rarement infectée et, de plus, elle ne saigne pas. Or, le docteur Legueu (de Paris) (1), attache à ce dernier point une très grande importance. Il va jusqu'à dire que l'infection de la vessie n'est pas un obstacle à la réunion primitive, et que, si celle-ci échoue dans la plupart des cas, c'est parce que l'hémorrhagie vient oblitérer la sonde et distendre la vessie.

Plusieurs des auteurs qui rejettent la suture chez l'adulte la conseillent au contraire chez l'enfant. C'est ainsi que Guyon soutient que, chez les jeunes, la réunion par première intention doit être la règle lorsque la vessie et les urines sont peu ou point altérées, comme cela arrive dans les cas de corps étrangers introduits depuis peu ou de calculs relativement récents.

Arnold Schmitz (2), qui a parfaitement étudié la question, dans une statistique portant sur 57 cas de suture vésicale trouve une mortalité de 14,5 pour 100. Il élimine 2 cas dont le résultat est inconnu. Dans les 55 cas restants, 25 concernent des adultes et donnent une mortalité de 24 pour 100, tandis que pour les 30 autres, concernant des enfants, la mortalité s'abaisse à 6,7 pour 100. Dans le tiers de ces cas on a obtenu la réunion immédiate, et lorsque celle-ci a échoué, que la suture s'est dissoute, ce n'a été qu'après le troisième jour, lorsque tout danger était conjuré. Schmitz recommande de placer une suture continue au-dessus de la suture entrecoupée, selon le procédé de Tiling.

Tuffier donne des résultats moins encourageants. Sur 22

(1) Legueu (de Paris), VIe Congrès francais de chirurgie (*Progrès médical,* avril 1892).

(2) *Erfahrung über die Steinoperationen bei Kindern* (*Archiv. f. klin.,* Band XXXVIII, Heft II).

cas de suture vésicale, il affirme que 20 fois la réunion a fait défaut. Krabbel, en Allemagne, déclare que, grâce à la suture, la taille hypogastrique est la seule qui permette d'utiliser les bénéfices de l'antisepsie, surtout chez les enfants. C'est également l'avis de Zésas, Villy-Meyer, Czerny, Orlowski, Von Bergmann et Mannheim.

« Il est probable, dit Gross (de Nancy) (1), que la suture vésicale doit particulièrement réussir chez les enfants, car le liquide urinaire, étant peu nocif, contaminera peu ou pas la surface cruentée, parce que l'appareil urinaire étant relativement moins modifié, moins altéré, les parois vésicales sont plus aptes à l'adhésion primitive. Les faits cliniques sont absolument conformes à cette conclusion. »

Si l'on se décide pour la suture, on devra s'assurer, au préalable, que l'organe est sain, l'urine non purulente, que les parois de la vessie n'ont point été lésées et qu'il n'a été commis aucun décollement opératoire ; on s'attachera à ce que la suture soit aussi hermétique que possible, conditions indispensables de succès.

« Adossez des surfaces, recommande le profes seur Forgue et n'affrontez pas simplement des bords. » On emploiera le catgut ou bien la soie stérile préconisée par Guyon et l'on fera trois étages de sutures. Un premier plan réunira les deux lèvres, sans traverser la muqueuse, ce qui exposerait à l'infiltration urineuse, les fils servant de conducteurs, et à la formation de graviers ayant pour point de départ l'extrémité libre des mêmes fils dans la cavité vésicale. Un plan de sutures à la Lembert adossera les parois vésicales ; enfin un troisième étage soutiendra le précédent. On placera une sonde à demeure, ou mieux, on sondera toutes les trois heures.

(1) Gross (de Nancy), *De la cystotomie sus-pubienne* (*Revue de chirurgie,* novembre 1886).

Quant à la plaie abdominale, il sera bon de la laisser ouverte ou de la suturer partiellement avec addition de drainage.

Ainsi qu'on peut s'en rendre compte, la suture totale de la vessie chez les jeunes calculeux offre beaucoup plus de chances de réussite que chez les vieux, et cependant, malgré les conditions relativement favorables dans lesquelles se trouve l'opérateur, nous ne pensons pas que l'on doive systématiquement y recourir. Nous nous rangeons plus volontiers à l'avis de nos maîtres, MM. les professeurs Forgue et Tédenat, qui préfèrent associer le drainage de la vessie à la suture partielle. Les tubes-siphons sont laissés en place pendant les six ou huit premiers jours, puis enlevés ; car, passé ce délai, l'infiltration d'urine n'est plus possible, des adhérences s'étant faites au niveau de la cavité de Retzius.

On placera, dans l'angle inférieur de la plaie, les tubes de Périer modifiés par Guyon ; ce sont deux tubes en caoutchouc rouge, de courbure fixe, et superposés en canon de fusil. M. Forgue conseille d'employer de petits calibres : le n° 20 de la filière de Charrière ne doit guère être dépassé. L'écoulement du liquide se fera par leur orifice de section et par un œil large pratiqué près de leur extrémité vésicale. Ils seront fixés à chaque lèvre de l'incision par un point métallique. On amorcera le siphonnage au moyen d'une injection boriquée poussée par l'un des tubes.

M. Tédenat a quelque peu modifié l'installation du drainage. Il donne à l'un des deux tubes une longueur suffisante pour qu'il puisse conduire l'urine de la vessie jusqu'à un récipient placé entre les cuisses du malade. L'autre, beaucoup plus court, est entouré d'un manchon d'ouate aseptique et ne contribue point à l'écoulement de l'urine. On l'utilise simplement pour pousser du liquide dans la vessie quand y a engorgement du siphon.

Lorsque la boutonnière vésicale présente une certaine longueur, lorsqu'elle dépasse 3 centimètres, Guyon conseille d'associer au drainage la suture partielle. Deux à quatre points perdus au catgut rapprochent en haut et en bas les lèvres de l'incision, de manière à ne laisser que le passage des tubes. On favorisera de même la réunion des lèvres musculaires, de l'aponévrose et de la peau.

Le pansement se composera d'une nappe de gaze iodoformée, ou mieux au dermatol : cette substance, d'une toxicité très faible, paraît tout indiquée ici, car après la taille hypogastrique nous devons redouter les résorptions médicamenteuses, faciles à se produire. Si on emploie l'iodoforme, il faudra se garder de faire des pulvérisations trop abondantes. Une série de lames ouatées fixées par un linge de corps en flanelle complètera le pansement. Un urinoir placé entre les cuisses de l'opéré recevra l'extrémité libre des tubes, qui seront dégorgés par une injection boriquée légèrement poussée dans l'un d'eux quand leur fonctionnement deviendra irrégulier. Si tout marche régulièrement, on les retirera du sixième au dixième jour et on les remplacera par une sonde à demeure, qui n'a plus les inconvénients du début.

Nous verrons alors la plaie granuler peu à peu, la cicatrisation de la vessie survenir du deuxième au huitième jour, et celle de la peau du dixième au quinzième. On enlève à ce moment la sonde à demeure et l'on sonde pendant les premiers jours.

OBSERVATIONS

———

OBSERVATION PREMIÈRE

(Inédite. — Communiquée par M. Chatinière)

(Hôpital Général. — Service de M. le professeur Forgue)

Cystite calculeuse. — Taille hypogastrique

André D..., cinq ans. — *Antécédents héréditaires* nuls. *Antécédents personnels* : Carreau, il y a trois ans.

Début de la maladie actuelle : il y a quinze mois. Séjour à l'hôpital de Cette où on diagnostique la pierre.

Actuellement, 8 mai. — Mictions très fréquentes : quinze par jour ; mictions parfois involontaires, à cause de la rapidité avec laquelle il doit satisfaire ses besoins.

Douleurs très vives pendant la miction, l'enfant pleure, pousse des cris, se tord sur sa chaise percée. De temps à autre, besoins d'uriner douloureux qui n'aboutissent à rien. Douleurs également vives pendant la défécation, prolapsus rectal. Les urines sont troubles et parfois sanguinolentes. L'enfant ne court pas, ne s'amuse pas comme ses camarades : il reste toujours placide.

15 — Examen avec une sonde métallique. On arrive avec quelques difficultés dans la vessie et immédiatement on sent un calcul assez volumineux. Une taille hypogastrique est décidée pour débarrasser cet enfant. Deux à trois capsules de santal par jour.

23. — *Opération*. — La veille au soir, lavement et net-

4

toyage de la région hypogastrique. Le matin, bouillissage des instruments, compresses, tampons. Anesthésie au chloroforme, très facile et rapide, en deux minutes. Transporté sur la table d'opérations, l'enfant est immédiatement sondé avec une sonde métallique destinée à servir de point de repère. Impossibilité de son introduction. L'instrument est arrêté, semble-t-il, par un calcul. Est-ce un calcul de l'urèthre, est-ce le calcul vésical qui serait engagé ? Il s'agissait d'un menu fragment détaché et fixé dans l'arrière-urèthre : ce qui explique les douleurs particulièrement accentuées qu'accusait le petit malade.

On adapte à l'extrémité de la sonde un tube en caoutchouc par lequel un aide est chargé de pousser de l'eau boriquée dans la vessie. 60 grammes environ sont injectés : pas de ballon de Petersen. — *Incision* de l'hypogastre sur une longueur de $0^m,07$ environ : l'incision descend sur la partie supérieure de la symphyse pubienne. Le fascia transversalis est pincé et ouvert ras du pubis. Le tissu cellulaire prævésical est abondant ; l'index gauche le refoule avec le cul-de-sac péritonéal, depuis le pubis jusqu'à l'angle supérieur de la plaie. M. Forgue, avec une petite pince-érigne, saisit la vessie, et d'un coup de pointe ouvre ce viscère. L'incision est prolongée sur une hauteur de 3 cent. seulement : la paroi donne une assez forte hémorrhagie. Grâce à un mouvement de version qui l'engage suivant son plus petit diamètre, M. Forgue extrait un calcul volumineux en forme de croissant de 4 cent. 1/2 de long sur 2 de large, de consistance friable et auquel adhère un fragment de muqueuse. Pas de suture de la vessie. Grâce à la faible dimension de l'incision vésicale, les bords s'appliquent exactement aux deux tubes en canon de fusil chargés de son siphonnement. Les fils suspenseurs sont retirés. Quelques points profonds affrontent les lèvres musculaires ; quelques points à la soie réunissent les téguments et l'on ne laisse ouvert que le point d'émergence du siphon. — *Pansement* à la gaze au dermatol. — Durée de l'anesthésie : 1 heure 1/4. Pouls très faible une fois le malade dans son lit. — Café et rhum.

23 au soir. — Etat meilleur que le matin. Le pouls s'est relevé parfaitement. L'enfant se trouve bien. Peau à peine un peu chaude. 38°4.

Amorcement du siphon avec de l'eau boriquée tiède : il marche parfaitement. D'ailleurs, l'urinoir contient déjà une certaine quantité de liquide légèrement sanguinolent.

24 au matin. — Bon état et bonne nuit. Pansement un peu défait, rétabli. T. : 37 degrés. Quelques coliques. Potion avec une goutte de teinture d'opium. Amorcement du siphon qui marche bien.

25. — Bon état. Disparition des coliques. Continuation de l'amorcement du siphon deux fois par jour. Pansement. La plaie a bon aspect.

26. — Pansement, car les couches sont toujours rapidement mouillées. Le siphon est encore laissé.

27. — Le fil qui fixait à la plaie les deux tubes s'étant coupé, on enlève ces tubes. On place dans le canal de l'urèthre une fine sonde de Nélaton à demeure.

28. — Pansement. La sonde s'est échappée de l'urèthre, mais on ne s'en préoccupe pas.

29-30. — Pansements quotidiens. La plaie tend à se fermer de jour en jour.

1er juin. — Ablation des fils. Pansement.

2. — Ablation d'un fil oublié. La plaie tend à se fermer, bourgeonnant bien.

5. — Pansement. La plaie tend de plus en plus à se fermer. Pas de fièvre.

6. — Pansement. Il ne reste plus qu'un orifice pouvant admettre le passage d'un porte-plume.

6 au soir. — Pour la première fois le malade pisse par la

verge (depuis l'après-midi). Pas de douleur par cette miction.

7. — Pansement.

8. — Pansement. La plaie ne présente plus qu'un orifice de la dimension d'une tête d'épingle à la partie inférieure.

9. — L'enfant pisse maintenant par la verge. On ne voit plus d'orifice abdominal. L'enfant sort. Revu dix jours plus tard, il montrait une guérison complète.

OBSERVATION II

(Inédite. — Communiquée par M. Vedel)

Calcul dur et volumineux. — Taille hypogastrique. — Guérison complète en vingt jours.

Léon J..., quatre ans. Entré le 6 juin 1893 à l'hôpital suburbain de Montpellier, salle Desault, n° 8, service de M. le professeur Tédenat.

Antécédents héréditaires. — Rien de particulier.

Antécédents personnels. — A l'âge de onze mois, rougeole compliquée d'accidents cérébraux (vomissements, cécité pendant neuf jours). Les accidents vésicaux ont débuté il y a un an. Mictions fréquentes, augmentées surtout par la marche, douloureuses et souvent interrompues, pas d'hématurie ni d'incontinence.

Actuellement, enfant bien constitué, urine cinq ou six fois le jour, une fois la nuit, ne peut contenir le besoin.

Mictions très pénibles, se font par jets saccadés. Au moment d'uriner l'enfant se met à crier, tire sa verge, presse son gland ; il marche courbé, puis s'arrête, s'accroupit et expulse par jets interrompus quelques filets d'urine avec des efforts qui entraînent souvent la défécation. Le méat est rouge, très irrité et, à son niveau, se montre habituellement une goutte de mucus.

L'exploration de la vessie indique un calcul dur, très gros, sur lequel la vessie se contracte.

Acide borique à l'intérieur, grand bain, purgatif, régime lacté en vue de la taille hypogastrique.

Opération le 9 juin. — Anesthésie chloroformique. Tampon d'ouate vaselinée dans le rectum. Sonde dans la vessie maintenue par un lien qui embrasse la verge. Injection de nitrate d'argent à 1/2000.

Incision médiane de 4 à 5 centimètres. La vessie, bien accessible, est ouverte sans hémorrhagie marquée et débarrassée d'un calcul volumineux, lisse, dur, plat, semblable à un galet, qui mesure 3 centimètres de long, 2,5 de large, 5 à 6 millimètres d'épaisseur. — Tubes de Périer. Un point de jermeture sur la vessie. Trois points de fil métallique comprenant la peau et les tissus sous-jacents. La vessie, la peau et l'espace qui les sépare, sont ainsi fermés de façon à ne laisser que la boutonnière pour le passage des tubes. Pansement à plat. Siphonnage de la vessie avec de l'eau boriquée et une solution faible de nitrate d'argent.

10. — Les tubes fonctionnent bien. L'abdomen est distendu par des gaz, parésie de l'intestin, gêne respiratoire. La plaie ne présente aucune particularité. On donne 20 gr. d'huile de ricin sans résultat, ainsi qu'un lavement glycériné, administré dans la soirée avec la sonde de Nélaton. T. : matin, 37°8 ; soir, 37°9. P. 104.

11. — L'enfant a rendu des gaz dans la nuit. Ventre diminué de volume. Respiration libre. Selles abondantes dans l'après-midi. Calme rétabli. Plaie parfaite. T.: matin, 37° 3; soir, 38°2. P. 100.

Depuis lors, aucun incident; apyrexie complète. L'enfant est gai et ne souffre aucunement.

14. — On enlève les tubes de Périer, ainsi que les points de suture. Bain général avec naphtol et acide borique. Les tissus sont bien réunis profondément, la peau est seulement désunie en un point. Pas de pus.

15. — Tous les jours, bain antiseptique. Compresses en permanence sur l'abdomen. L'enfant est content, a bon appétit et dort bien. La plaie se cicatrise naturellement.

20. — Le petit malade commence à émettre de l'urine par le méat. L'orifice hypogastrique se ferme rapidement.

28 (19 jours après l'opération), la cicatrisation est complète et toute l'urine passe par l'urèthre. L'enfant sort le lendemain parfaitement guéri.

OBSERVATION III

(Empruntée à la thèse de Payri)

Garçon de douze ans. — Calcul uratique de 4 à 5 centimètres. — Taille hypogastrique. — Suture vésicale. — Réunion immédiate. — Guérison complète en douze jours. — Poids du calcul, 39 grammes.

Jean L..., âgé de douze ans, né de père et de mère bien portants, a eu la rougeole à cinq ans et a toujours eu une bonne santé jusqu'à neuf ans. Depuis cette époque, mictions très nombreuses; le jet se suspend quelquefois, douleurs fréquentes à la fin de la miction. Souvent le petit malade urine au lit; il refuse de courir, de jouer avec ses camarades, étire sa verge et accuse de temps en temps des douleurs en arrière du gland. Urine avec légers dépôts, jamais de sang. Un peu de prolapsus du rectum.

M. Tédenat, consulté le 8 juin 1891, introduit une bougie flexible à boule métallique n° 15, qui atteint un calcul dès son entrée dans la vessie. Contractions spasmodiques rapides et douloureuses de la vessie.

9 juin. — Lavement hier soir. Anesthésie chloroformique ce matin. Injection de 100 grammes de solution boriquée tiède. Un lithotriteur explorateur de menu calibre saisit le calcul qui est libre et mesure de 4 à 5 centimètres. Comme la pierre sonne clair au choc de l'instrument, comme l'urine est acide, M. Tédenat pense que le calcul est urique ou uratique et dur. Il propose la taille hypogastrique.

13. — Purgatif la veille au matin, grand lavement. Asepsie de la région abdominale. Ballon de Petersen, 80 grammes. Injection dans la vessie de 60 grammes de solution de nitrate d'argent à 1/1500.

Saillie nette de la vessie. Sans incident la vessie est mise à nu, peu de veines à sa surface. Vessie prise avec un tenaculum. Incision de 3 centimètres. Calcul extrait facilement avec le doigt. Comme la vessie est saine, M. Tédenat fait la suture de la façon suivante : clivage de la paroi à peu près selon le milieu de son épaisseur, le long des bords et aux angles, sur une étendue de 11 à 12 millimètres. Cinq points de suture à la Lembert sur le feuillet profond, les points extrêmes étant placés à 5 millimètres environ au delà de l'angle d'union des lèvres de l'incision longitudinale. Ils ne pénètrent pas dans la cavité vésicale. Par ce moyen, les surfaces musculaires cruentées sont appliquées l'une contre l'autre, sur une largeur de 3 à 4 millimètres. Cinq points de suture réunissent directement le feuillet superficiel. Quatre points de suture pour la paroi comprenant la peau, aponévrose, gaîne des droits. Petit drain debout à l'angle inférieur avec même mèche de gaze mollement foulée autour de la portion du drain qui pénètre jusque dans l'espace præ/vésical. Sonde de Nélaton avec deux orifices, l'un terminal, l'autre à 2 centimètres de l'extrémité.

Pansement avec gaze iodoformée et coton hygroscopique retenu par un bandage de corps.

12 au soir. — La sonde fonctionne bien. Urine claire, 300 grammes en six heures. Pas de douleurs. T. : 37°9. P. : 90. Lait.

13. — La sonde fonctionne bien ; dans la journée, 600 grammes d'urine claire, sauf un léger nuage. T. : matin, 37°3 ; soir, 33°1. Lait.

14. — La sonde a bien fonctionné jusqu'à deux heures de l'après-midi ; à trois heures, elle est sortie. Miction volontaire quelques instants après. Sonde réintroduite par M. Tédenat à cinq heures. T. : 36°9, 37°8. P. 100. L'enfant ne souffre pas. Pansement sec, sans la moindre trace d'humidité. Drain enlevé.

16. — L'enfant se plaint de souffrir de la sonde, qui paraît provoquer des spasmes vésicaux. Elle est enlevée à cinq heures de l'après-midi. T. : 38°1. P. : 100. Lait. Bouillon.

17-18. — La miction se fait toutes les deux ou trois heures, sans douleurs autres qu'un peu de cuisson dans l'urèthre. Aucun suintement par la plaie qui est complètement réunie, sauf à la place du drain, dont le trajet se rétrécit rapidement. T. : 37°6. Sirop de Tolu avec 2 grammes d'acide borique.

19. — Diminution de la sensibilité de l'urèthre. Miction toutes les trois ou quatre heures. Lavement huileux. Le malade se trouve bien. Aucun suintement par le trajet très rétréci du drain. Points de suture superficiels enlevés.

23. — Cicatrisation parfaite. Miction toutes les quatre heures en moyenne. Urine claire.

OBSERVATION IV

(Empruntée à la thèse de Payri)

(Hôpital suburbain, service de M. le professeur Tédenat)

Taille hypogastrique. — Ablation d'un calcul. — Guérison rapide

A..., élève au Lycée de Grenoble, domicilié à Graissessac (Hérault), âgé de douze ans. Bonne santé ordinaire; depuis trois ans, douleurs vives en urinant; mictions fréquentes et pénibles, suspension du jet, prolapsus ano-rectal. M. Tédenat constate un calcul dur de 4 à 5 centimètres.

7 juin. — Taille hypogastrique. Anesthésie chloroformique bonne. Préparation du champ opératoire : lavages au sublimé, alcool. Incision de 0^m,05 sur la ligne médiane partant de 0^m,01 au-dessus du pubis. Le ballon de Petersen a été préalablement introduit dans le rectum et gonflé avec de l'eau ordinaire. La vessie est distendue par une injection d'eau boriquée; on arrive, après incision des couches, sur la paroi vésicale qui est incisée sur une étendue de 0^m,02. Chaque lèvre de la plaie est retenue par un fil qui en permet l'écartement. Avec l'index introduit dans la vessie, on retire une pierre du volume d'une grosse noix, mamelonnée, grenue, jaunâtre.

On place le tube à deux voies de Périer; l'une des tubulures est reliée par un embout de verre à un autre tube en caoutchouc qui plonge dans un vase placé à côté du lit et contenant un liquide antiseptique; on a ainsi un siphon. Par l'autre tubulure on fait une injection vésicale qui lave la vessie.

Pansement : Iodoforme, gaze, ouate.

8. — Hier soir, 100 pulsations. L'enfant ne se plaint guère; lavage hier soir, le tube fonctionne bien. Ce matin, le fonctionnement est arrêté et le tube est enlevé; il n'est donc resté que vingt-quatre heures.

L'état général est bon; pouls, 92.

9. — Les urines s'écoulent par la plaie abdominale dont les bords sont frictionnés légèrement avec de la vaseline; on met dessus un peu de gaze iodoformée et d'ouate hygroscopique, que la mère change quand cela est nécessaire (2 ou 3 fois par jour).

10. — Même bon état; rien encore ne s'est écoulé par la verge. On place une sonde à demeure en caoutchouc rouge, de Nélaton.

11. — La presque totalité des urines s'est écoulée par la sonde; la partie supérieure de l'incision s'est bien réunie par première intention. Les points de suture ainsi que les fils vésicaux sont enlevés. L'état du malade est excellent, il s'alimente bien et ne souffre pas, bien que la seule arrivée du médecin, venant lui rappeler la sonde qui est tombée ou qu'il a enlevée, lui fasse pousser des cris.

12. — Bon état. Un peu de mucus au fond du vase contenant un litre d'urine. Continuer le salol qui était suspendu depuis trois ou quatre jours.

Le malade ne pouvant garder la sonde qu'au prix de douleurs que son tempérament nerveux lui rend insupportables, on l'enlève le 12 au matin. Elle est d'ailleurs obstruée par un bouchon de mucus qui en a arrêté le fonctionnement.

17. — Depuis hier, toutes les urines s'écoulent par le canal; rien par la plaie qui tend à se fermer complètement.

22. — La plaie est à peu près cicatrisée, le malade va quitter Montpellier un de ces jours. Il est guéri sans avoir donné la moindre préoccupation.

Notons que le tube de Périer n'est resté en place que vingt-quatre heures ; il n'y a, à vrai dire, pas eu de sonde uréthrale, puisque la première fois qu'on la place, à six heures du soir, on l'enlève dans la nuit, et que la deuxième fois, mise à la même heure, en l'enlève le lendemain matin, sans qu'elle ait donné issue à une goutte d'urine. Donc cicatrisation en neuf jours.

CONCLUSIONS

Aujourd'hui que nous n'avons plus à redouter la blessure du péritoine ni l'infiltration urineuse, la taille hypogastrique peut, chez l'enfant, être appliquée à tous les cas de calculs vésicaux.

Elle n'exige aucune instrumentation compliquée, et son manuel opératoire est à la portée de tous les praticiens.

Elle doit être préférée à la taille périnéale en ce qu'elle ouvre une très large voie à l'exploration de la vessie et permet d'en retirer des calculs très volumineux, et, en second lieu, en ce qu'elle permet de respecter les canaux éjaculateurs, qui sont si fréquemment lésés lorsqu'on aborde la vessie par le périnée.

On doit la préférer à la lithotritie en ce qu'elle s'adresse à tous les calculs, quel que soit leur volume et quel que soit l'état de la vessie.

Cependant cette dernière opération a repris une certaine faveur, grâce aux perfectionnements apportés dans la construction des instruments et au nouveau mode opératoire, broiement rapide et complet, suivi de l'évacuation immédiate des fragments. Aujourd'hui la litholapaxie est parfaitement applicable à l'enfance : on lui doit de très beaux succès. Elle devra néanmoins céder le pas à la taille sus-pubienne toutes les fois que l'on aura affaire à un calcul très volumineux ou très dur, à un état général mauvais, à une vessie enflammée et atteinte de catarrhe purulent, à des calculs adhérents ou enchâtonnés.

Dans le traitement consécutif à la taille hypogastrique, la suture totale de la vessie offre chez l'enfant de grandes chances de réussite ; nous pensons néanmoins que le meilleur moyen de préserver la plaie de l'infiltration d'urine consiste dans l'association du drainage à la suture partielle pendant la première semaine, la sonde à demeure venant ensuite remplacer les tubes-siphons, pour permettre la cicatrisation de la plaie hypogastrique.

INDEX BIBLIOGRAPHIQUE

Forgue et Reclus. — Traité de thérapeutique chirurgicale.

Demarquay et Cousin. — Article Lithotritie du Nouveau Dictionnaire de médecine et de chirurgie pratiques.

Bouilly. — Article Taille du Nouveau Dictionnaire de médecine et de chirurgie pratiques.

Guyon. — Des Perfectionnements apportés à l'opération et au pansement de la Taille hypogastrique (Revue de chirurgie, 1888).

Sée (Dr Marc). — Étude sur la taille hypogastrique (Revue de chirurgie, janvier 1887).

Martin (Henri). — Quelques considérations sur le calcul vésical chez les enfants et sur son traitement par la lithotritie et la taille (Thèse de Montpellier, 1885).

Gordon (Moïse). — De la Taille hypogastrique pour calcul chez l'enfant (Thèse de Paris, 1889).

Desnos. — Traité élémentaire des maladies des voies urinaires.

De Saint-Germain. — Chirurgie des enfants. — Leçons cliniques professées à l'hôpital des Enfants malades, 1884.

Bouchut. — Traité pratique des maladies des nouveau-nés.

Gross (de Nancy). — De la Cystotomie sus-pubienne (Revue de chirurgie, novembre 1886).

Tuffier. — Article Calculs vésicaux du Traité de chirurgie.

Reliquet. — Traité des opérations des voies urinaires.

Fournier. — Du Calcul et de la Lithotritie chez les enfants (Thèse de Paris, 1874).

Payri (Pierre). — La Cystotomie sus-pubienne et ses principales applications (Thèse de Montpellier, 1892).

Alexandrow (Dr L.-P.). — Die Lithotritie bei Kindern (Deutsche Zeitschrift für Chirurgie, 1891).

— 62 —

Guersant. — Chirurgie des enfants.

Schmitz (Arnold). — Erfahrung über die Steinoperationen bei Kindern (Arch. f. klin. Chir., Band XXXVIII, Heft 2).

Delefosse (E.). — La Pratique de l'antisepsie dans les maladies des voies urinaires.

———

Vu et permis d'imprimer :

Montpellier, le 15 décembre 1893.

Pour le Recteur,
L'Inspecteur d'Académie délégué,

J. YON.

Vu et approuvé :

Montpellier, le 15 décembre 1893.

Le Doyen,

MAIRET.

SERMENT

———

En présence des Maîtres de cette Ecole, de mes chers condisciples et devant l'effigie d'Hippocrate, je promets et je jure, au nom de l'Être suprême, d'être fidèle aux lois de l'honneur et de la probité dans l'exercice de la médecine. Je donnerai mes soins gratuits à l'indigent, et n'exigerai jamais un salaire au-dessus de mon travail. Admis dans l'intérieur des maisons, mes yeux n'y verront pas ce qui s'y passe, ma langue taira les secrets qui me seront confiés, et mon état ne servira pas à corrompre les mœurs ni à favoriser le crime. Respectueux et reconnaissant envers mes Maîtres, je rendrai à leurs enfants l'instruction que j'ai reçue de leurs pères.

Que les hommes m'accordent leur estime, si je suis fidèle à mes promesses! Que je sois couvert d'opprobre et méprisé de mes confrères, si j'y manque!

Docteur M. MILLOUX

CONTRIBUTION A L'ÉTUDE

DU TRAITEMENT

DE

LA PNEUMONIE

EN IMMINENCE DE PURULENCE

PAR LES INJECTIONS SOUS-CUTANÉES

D'ESSENCE DE TÉRÉBENTHINE

MONTPELLIER
IMPRIMERIE CENTRALE DU MIDI
(HAMELIN FRÈRES)
1895